JN289330

子供の科学★サイエンスブックス

海の擬態生物

海中生物の美しく不思議な変身術

はじめに

ごろごろした岩になにげなく足が触れたとき、パッとヒレを広げて飛び出てきた魚にびっくりしたことがある。左右の胸ビレの赤い縞模様がカメラのフラッシュが光ったように鮮明に表れ、一瞬目がくらんだ。あきらかに、私を脅すために威嚇したオニダルマオコゼだった。魚が岩に化けている驚きと同時に、カウンターパンチをくらったような戦慄が走ったのを覚えている。この魚はヒトが死ぬほどの猛毒の棘を持つが、大きなクエなどはバリバリと食ってしまうらしい。

やはり身を守るには毒の棘だけでは不充分で、よりうまく隠れることが必要なのだろう。カムフラージュは保身だけでなく、自分の存在を隠し、捕食のチャンスを狙う戦略もある。反対に、身を隠す保護色とは逆の作戦をとる魚もいる。ミノカサゴなどは、よく目立つ派手な体色と模様で、自分がまずいエサであることを捕食者にアピールする警告色を発する。さらに警告色と関連して、ノコギリハギなどはまずくない魚なのに、外見を姿ばかりでなくその行動まででまずい魚に似せて捕食を免れる。こんな現象を「ベイツ型擬態」と呼んでいる。人社会でも、法的権限を持たないガードマンのスタイルが警官の制服にそっくりなのも類似の現象で面白い。

にせの目を表す生き物。黒い縞で目の輪郭をかくして敵を惑わすチョウチョウウオ。体に何かをつけて擬装するカニたち。

それぞれの環境で、どこまで敵の目をあざむきおおせるか……厳しい生存競争下において、擬態は「生きるための知恵くらべ」なのに違いない。

伊藤勝敏

サクラダイが乱舞する岩礁の海底。(伊豆)

目次
もくじ

はじめに……………………………………………………………… 3
珊瑚礁になったつもりで…………………………………………… 6
さんごしょう
イソギンチャクに隠れる…………………………………………… 20
かく
オキエソが襲う！…………………………………………………… 24
おそ
砂地に隠れるヒラメ………………………………………………… 26
すなち かく
砂地に隠れるアンコウ……………………………………………… 28
すなち かく
おしり隠してアタマ隠さず………………………………………… 30
かく かく
岩にとけ込んだ……………………………………………………… 32
いわ こ
岩になりきる………………………………………………………… 38
いわ
身にまとって姿をごまかす………………………………………… 46
み すがた
色を変える…………………………………………………………… 52
いろ か

表紙写真の解説
ひょうしゃしん かいせつ
泳ぎがにがてのオオモンカエルアンコウ。両方の腹ビレを手足のように使い移動する。休むときは、からだをカイメンによりかかるようにたたずむが、しっかりとカムフラージュしている。(沖縄)

形を変える………………………………………………	54
海藻に化ける……………………………………………	60
威　嚇……………………………………………………	66
ニセの目玉………………………………………………	72
目を隠す…………………………………………………	78
姿を似せて敵を欺く……………………………………	80
群れて身を守る…………………………………………	82
煙幕効果で逃げる………………………………………	86
ふしぎな生物……………………………………………	88
解　説……………………………………………………	92
あとがき…………………………………………………	95

珊瑚礁になったつもりで

迷路のように折れ曲がる枝サンゴやテーブルサンゴの群落には共生、寄生する生物が多く、魚たちにも隠れ家を提供している。また、サンゴのポリプをエサにする魚も集まり、集落のような一つの生態系を築き上げる。海の中で生物が一番にぎわう所といえるだろう。

コブシメ　サンゴ礁にとけ込む。(沖縄)

セミエビ　朱色のウミトサカに体を合わせて紛れる。（宇和海）

↑オオモンカエルアンコウ　ポリプの開いたサンゴに体を見事に同化。（宇和海）

←ピンクのウミトサカに体色を合わせて紛れるオニカサゴ。（伊豆）

エンマゴチの顔　エンマ大王のような顔相。（沖縄）

↑エンマゴチ　カタトサカに紛れて休息。（沖縄）

ビシャモンエビ　ムチカラマツの触手に擬態。（伊豆）

ムチカラマツエビ　ムチカラマツが宿主。（伊豆）

イボイソバナガニ　体にカラマツの触手をつける。（伊豆）

ベニキヌヅツミ　八放サンゴの幹に色も形も同化。（伊豆）

↑トガリモエビ　八放サンゴの枝にとけ込む。(三保)

↓オオアカホシサンゴガニ　サンゴの間がすみ家。(沖縄)

↓イシバシウサギ　八放サンゴの触手の一部に同化。(伊豆)

↑トゲトサカテッポウエビ　ウミトサカの触手に紛れる。(串本)

マルタマオウギガニ　ウミトサカの体に入り込む。(串本)

↓サンゴヨコバサミ貝殻を背負う。(伊豆)

↓マルツノガニ　八放サンゴに紛れる。(宇和海)

↓トラフケボリ　八放サンゴのポリプを食べ幹に卵を産む。(伊豆)

アオサハギ　夜ウミトサカをくわえて流されないように休む。（宇和海）

↑オトヒメエビ　赤い縞模様の体でウミトサカに紛れる。(沖縄)

↑ウミシダヤドリエビ　ウミシダに紛れて、すみ込む。(串本)

↑テンロクケボリ　ウミトサカの中でしかくらせない寄生者。（伊豆）

↑コマチテッポウエビ　ウミシダに隠れる。（串本）

←クモヒトデ　保護色でウミトサカに紛れる。（串本）

↑ミズヒキガニ　ウミトサカに紛れる。（伊豆）

↑オルトマンワラエビ　八放サンゴに紛れる。（伊豆）

↑コマチガニ　ウミシダの触手に化ける。（串本）

↑ヒトデヤドリエビ　マンジュウヒトデにすみ込む。（沖縄）

イソギンチャクに隠れる

　イソギンチャクは毒のある刺胞を持っているので、たいていの動物はこれを嫌い、避けて生活している。ところがこの毒の笠を外敵から身を守る手段にするように進化してきた生き物が存在するのだから、自然のいかに巧妙なるかを感じる。
　そのお返しに、彼らは痛んだ触手をつついて補修することもあるらしい。

↑赤縞模様のアカホシカクレエビ、スナギンチャクのピンク色の触手に紛れる。（沖縄）

↑イソギンチャクエビ　ニチリンイソギンチャクがすみ家。（沖縄）

↑アカホシカクレエビ　スナギンチャクの触手に守られる。（伊豆）

↑キンチャクガニ　イソギンチャクを両手につけて身を守る。（伊豆）

↑イソギンチャクエビ　サンゴイソギンチャクがすみ家。（伊豆）

↑オドリカクレエビ　ニチリンイソギンチャクがすみ家。(沖縄)　　　↓イソギンチャクエビ　サンゴイソギンチャクに紛れる。(伊豆)

↑アケウス　カイメンをつけて擬態。(伊豆)

↑アカオニガゼカクレエビ　ウニの棘の間に棲む。(伊豆)

↑ガンガゼカクレエビ　ウニの棘に隠れる。(串本) 　　↑ウミウシカクレエビ　ナマコがすみ家。(伊豆) 　　↑コールマンズシュリンプ　ウニに寄生。(伊豆)

↑コマチコシオリエビ　ウミシダに寄生。(串本) 　　↑ゼブラガニ　ウニに寄生。(伊豆)

↑バルスイバラモエビ　スナギンチャクの触手の模様に同化。（伊豆）　　↓イソギンチャクモエビ　グビジンイソギンチャクがすみ家。（沖縄）

オキエソが襲う！

オキエソは動き回ってエサを探すのでなく、じっと砂中に隠れる隠忍の術を身につけているが、いったん獲物が近づくと、ロケットのように砂煙を巻き上げて飛びかかるどう猛な本性を現す。しかし、100％の確率で捕獲が行われてるわけではない。待つだけで楽にエサにありつけるのかというと、そうでもないのだ。

↑砂底に隠れる。(伊豆)

↑獲物が近づくのを待つ。(伊豆)

↑獲物めがけてダッシュ。(伊豆)

砂地に隠れるヒラメ

ヒラメは周囲の環境に合わせてからだを同化することができるカムフラージュの名手。皮膚の下に多数の色素胞を備え、色セロファンを重ねるようにまたたく間に変身する。いかなるセンサーの働きによるのか不思議である。

↑目だけ出してあたりをうかがう。(伊豆)

↑尻尾を上下に振って泳ぎだす。(伊豆)

←ヒラメの背面にできる擬眼模様。(伊豆)

↑砂底にもぐって姿を隠す。(伊豆)

砂地に隠れるアンコウ

深海性のアンコウは春先になるとエサを求めて浅海に現れることがある。砂底に隠れて、頭部にある疑似餌のようなエスカをひらひらさせてエサの魚をおびきよせる。釣り師のような魚の知恵におどろく。

↑砂上に姿を現すアンコウ。（伊豆）

↓砂底に紛れる。（伊豆）

↑砂底に潜るヒラタエイ。(伊豆)　　↓オニダルマオコゼ　砂底にとけ込む。(沖縄)

おしり隠してアタマ隠さず

砂漠のように広がる砂地の海底は、一見静かで何もいないように思えるが、とんでもなくたくさんの生き物が潜んでいるから驚きだ。おそらく一生のうち砂中に潜っている時間の方が多い生物もいるだろう。

ソデカラッパ　砂底の環境にとけ込む。（沖縄）

↑アサヒガニ　砂上に出ようとするカップル。(伊豆)

↑イボガザミ　目だけを出してあたりをうかがう。(伊豆)

↑キュウセン　もぐって休む。(能登島)

↑フトミゾエビ　目がトンボに似ている。(伊豆)

↑フトミゾエビ　もぐって体を隠す。(伊豆)

岩にとけ込んだ

海の中も陸地同様に山あり谷ありで、特に沿岸は岩が連なる岩礁地帯が多い。
エサや隠れ場を求めてすみついた生き物たちは、岩の陰で暮らしているうちに自然と岩にとけ込む術を身につけたのであろう。しかし、そんな巧妙な擬態を見つけ出すのも楽しいものだ。

ゾウリエビ　岩礁の付着物に見事に擬態。（串本）

↑ゾウリエビ　コケの生えた岩にカムフラージュ。(串本)

カサゴ　群生するイバラカンザシの中でカムフラージュ。(宇和海)

カノコイセエビ　まだらに色づく岩肌に迷彩模様で紛れる。（小笠原）

オニカサゴ　藻類が生えた岩肌にとけ込む。（宇和海）

↑キヌカジカ　周りの環境に体のまだら模様がとけ込む。(佐渡島)

↑アナハゼ　岩の模様にとけ込む。(越前)

↑ボウズコウイカ　周りの岩礁にとけ込む。(伊豆)

↑クサウオ　岩に生える海藻に体の模様を似せる。(北海道)

岩になりきる

ウルマカサゴ　体をごわごわした岩に合わせて変身するカップル。(沖縄)

　岩の上にのっている魚が、どの角度から見てもまったく一つの岩にしか見えないことがある。そんな魚たちはほとんど体全体にフサのような体毛があり、岩上に生える藻類ととけ合って見事に岩を装う。
　岩礁にとけ込むカムフラージュをより進化させたテクニックで、ただ驚くばかりである。

↑ウルマカサゴ　つき出た岩の上に鎮座。(沖縄)

↑ウルマカサゴ　体のトゲや模様が岩礁に同化。(沖縄)

↑ウルマカサゴの目　体のわりに目が小さい。(沖縄)

→ウルマカサゴの顔　正面から見ると恐ろしい。(沖縄)

ニライカサゴ　自然光で写す。
魚が見ている世界。（沖縄）

ニライカサゴ　ストロボ光で写す。
人間が見る世界。（沖縄）

↑ニライカサゴの頭部　岩にしか見えないきわめつきの擬態。（沖縄）

↑ニライカサゴ　ごろごろした岩を装う。（沖縄）

↑ニライカサゴ　近づいて見ても岩にしか見えない。（沖縄）

オニダルマオコゼ　中央にいるが、岩のひとつに見まちがう。（沖縄）

↑オニダルマオコゼ　海底のごろた石に化ける。(沖縄)

←オニダルマオコゼ　への字の口と小さな目、顔も姿もよく見ないとわからない。(沖縄)

↑コブシメ　コケの生えた岩に化ける。(奄美)

↑コブシメ　砂底に散らばる岩に似せる。(奄美) 　　　↑コブシメ　まだら模様を表して岩に似せる。(奄美)

↑コブシメ　丸くなって岩に似せる。(奄美)　　　　　　　　　　↓コブシメ　岩肌に似た模様を表わす。(奄美)

身にまとって姿をごまかす

　　　小さな弱い生き物ほど巧みな保身術を身につけている。海底のありとあらゆる物を、身を守る手段として活用しているのに驚かされる。

ノコギリガニ　フジツボをつけて擬態。（宇和海）

↑モクズセオイ 甲らに藻くずを背負って捕食者の目を欺く。(沖縄)

↑藻類をつけて紛れるクモガニ。(伊豆)

↑藻類をつけて紛れるイソクズガニ。(伊豆)

↑海藻をつけて擬態するコノハガニ。(伊豆)

↑ヒシガニ 藻類をつける。(伊豆)

↑トウヨウホモラ　カイメンを背負って擬態。(伊豆)

↑サラサエビ　岩礁に紛れる。(伊豆)

イロカエルアンコウ　フジツボをつけて紛らわしい姿になる。（伊豆）

藻類をつけてカムフラージュするタコノマクラ。(伊豆)

↑イシダタミヤドカリ　貝をつけてカムフラージュ。（伊豆）

↑シロガヤをつけて紛れるワタクズガニ。（伊豆）

↑海藻や小石をつけて紛れるラッパウニ。（伊豆）

↑藻類をつけて紛れるヒメウモレオウギガニ。（伊豆）

色を変える

カレイやヒラメの例がよく知られるように、身を守る方法として周囲の環境に合わせて体の色を変化させる方法がある。求愛や闘争といった生活の場でも体色変化は交信方法となる。

スジアラ　ふだんの体色。（沖縄）

↑スジアラ　驚いてマダラ模様を表す。(沖縄)

3枚ともマダラエソ。
生息環境に合わせて目立たないように体色を変化させることができる。

形を変える

　必要に応じて体の形を変えることによって、威嚇や求愛、防衛手段として有効に働かせようとする生き物がいる。とくに柔軟に体を動かすことができるタコは備わっている機能をせいいっぱい駆使する。その姿は驚きに満ちあふれている。

変身するタコ。（沖縄）

岩に化けるタコ。(沖縄)

このページすべて体型を変化するタコ。(沖縄)

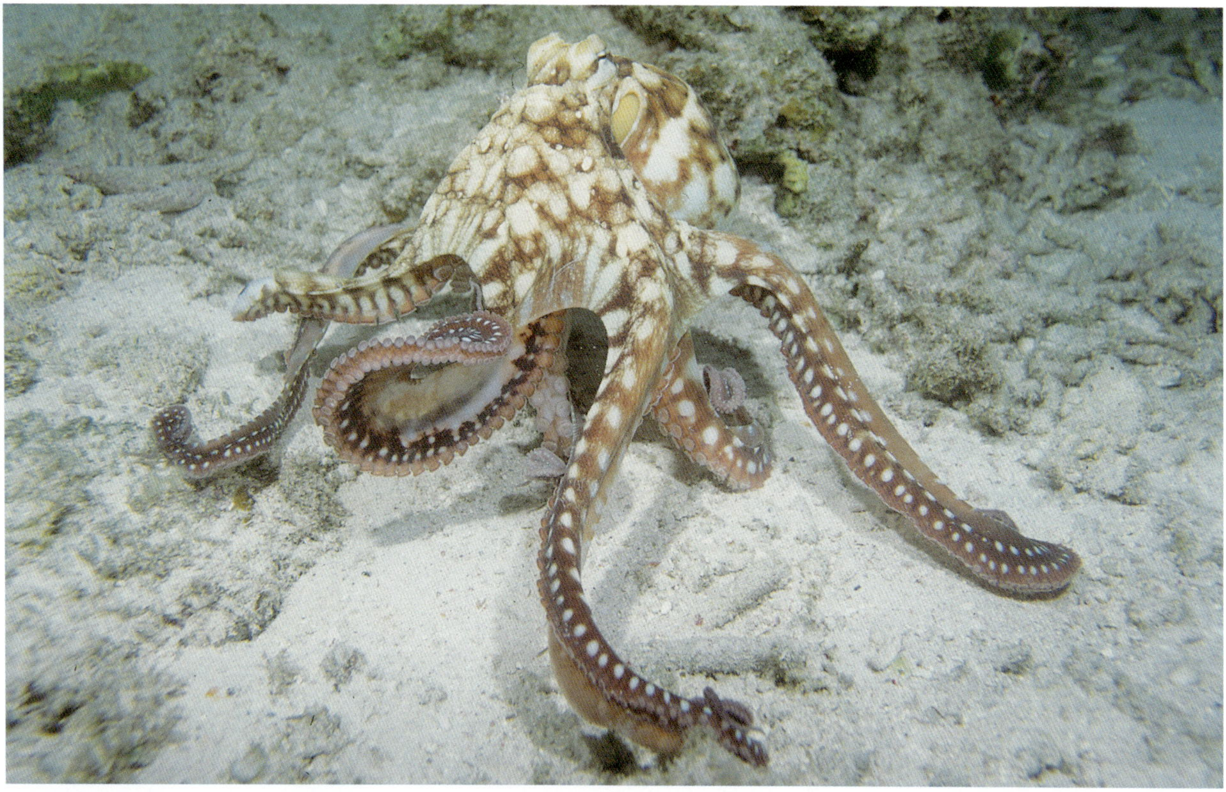

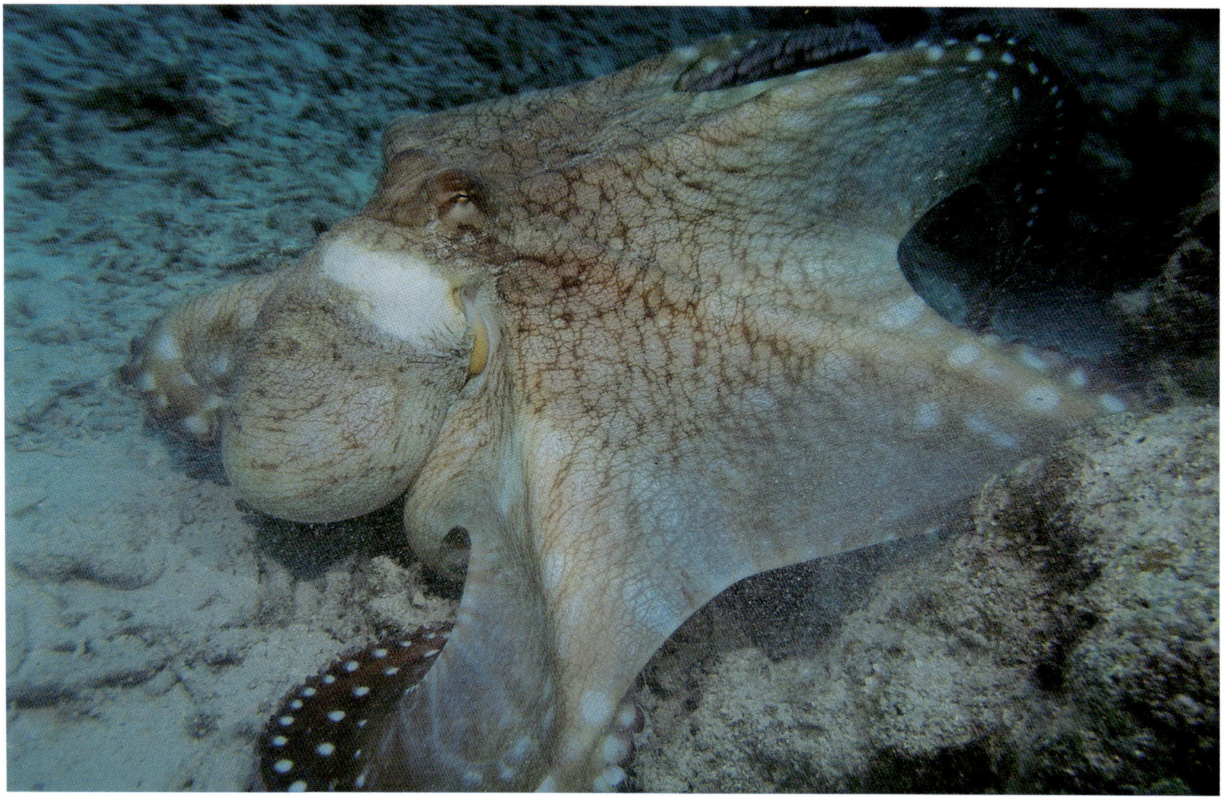

↑ミズイリショウジョウガイ　岩の一部に見える。（沖縄）

↑ミズイリショウジョウガイ　外套膜が見える。（沖縄）

↑カバフダカラ（串本）

↑ハツユキダカラ（伊豆）

↑ウミウサギガイ　外套膜を広げる。(串本)

↑ウミウサギガイ (串本)

↑ホシダカラの外套膜。(伊豆)

↑ホシダカラ (伊豆)

↑タルダカラ　外套膜でおおう。(串本)

↑タルダカラ (串本)

海藻に化ける

波でゆらゆらとゆれる海藻が生える藻場は、稚魚たちが成長したり、産卵場としても絶好の場所で「海のゆりかご」と呼ばれている。

カミソリウオのカップル　海底のゴミを装う。(伊豆)

ニシキフウライウオ　魚とは思えない姿で泳ぐカップル。(伊豆)

ハナタツの見事なカムフラージュ4態。(伊豆)

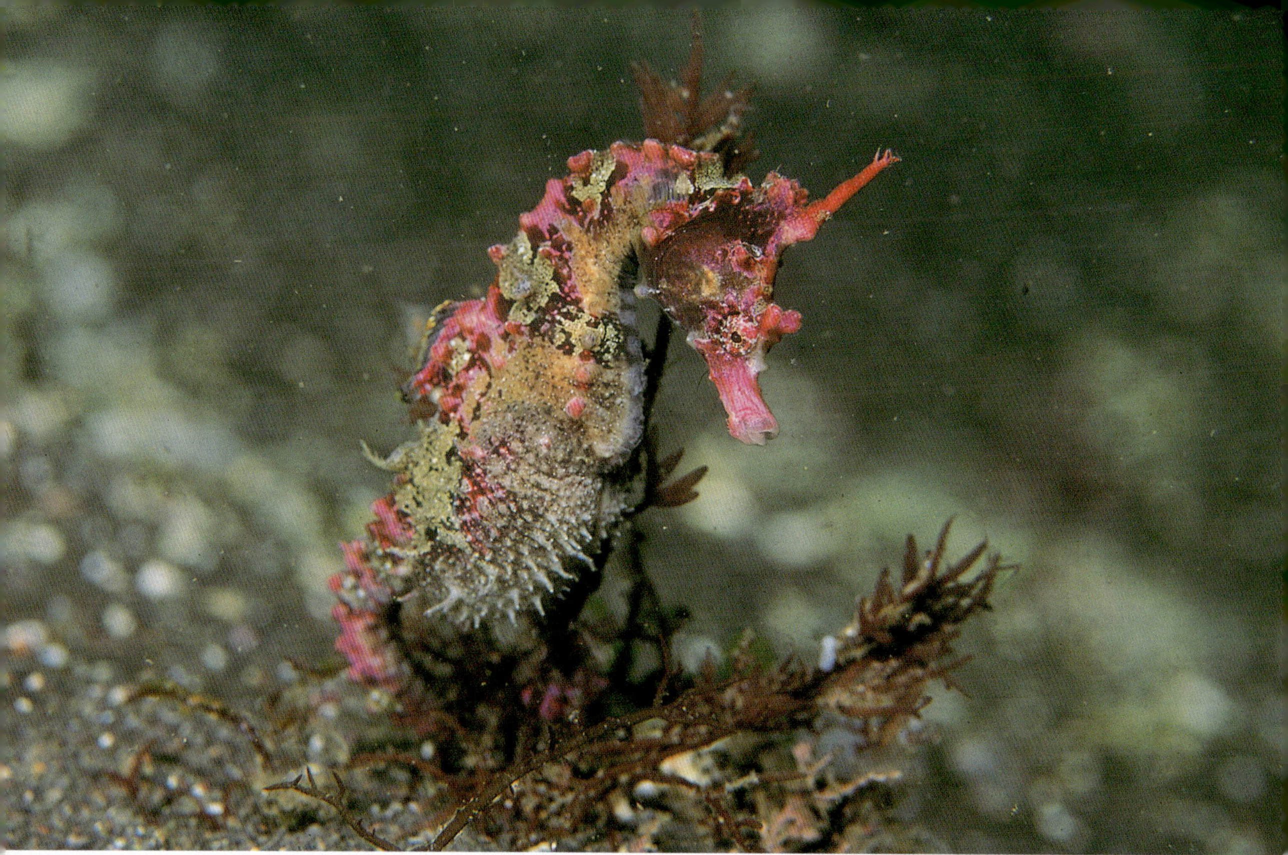

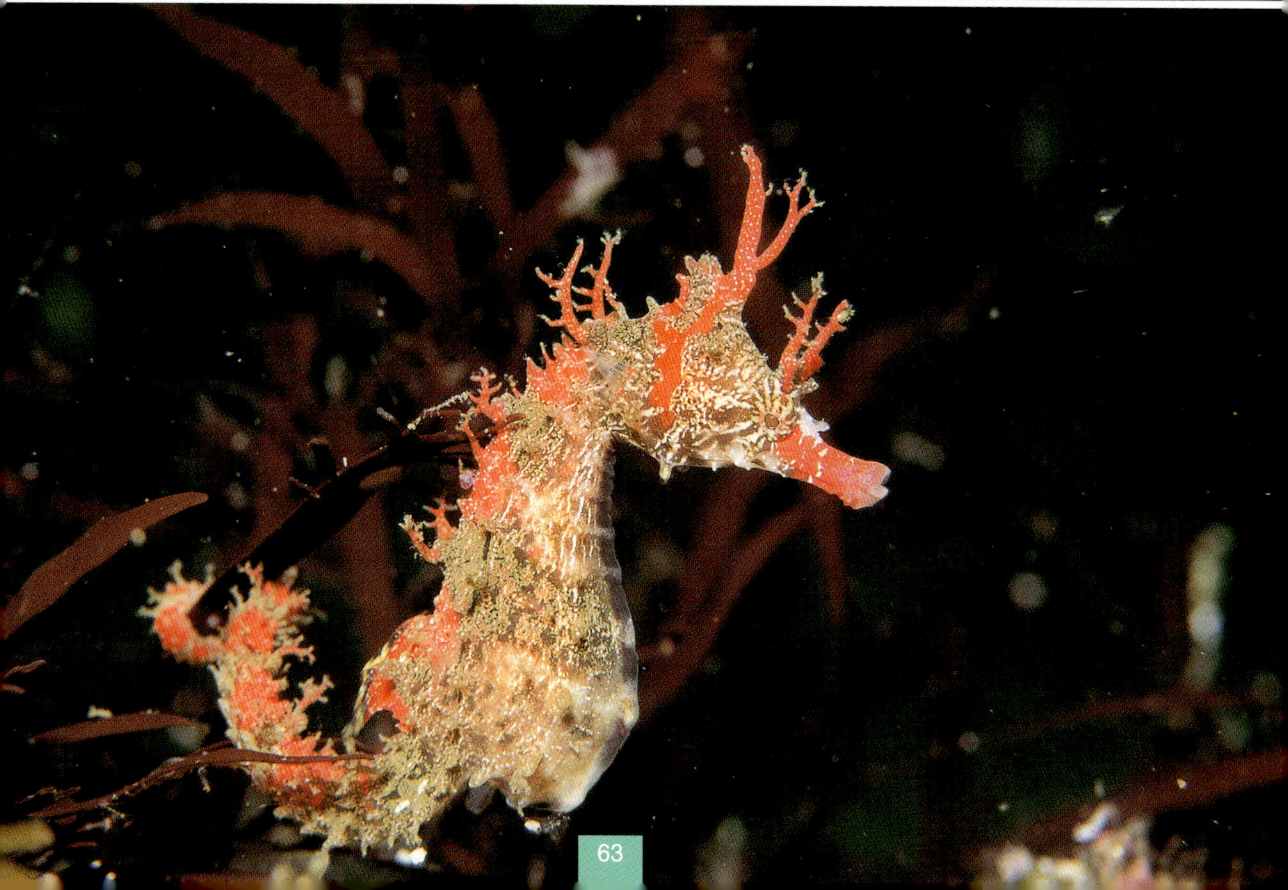

イバラタツ　藻類に紛れる。(伊豆)

ヨウジウオ　アマモの葉と体型が見事に似る。（伊豆）

オオウミウマ　海藻にからまり紛れる。（沖縄）

威嚇(いかく)

　瞬間的(しゅんかんてき)にパッとヒレを大(おお)きく広(ひろ)げて相手(あいて)を脅(おど)すフラッシング。かなり効果的(こうかてき)で、敵(てき)の目(め)が眩(くら)んでいる間(あいだ)に姿(すがた)をくらます。縄張(なわば)りの侵入者(しんにゅうしゃ)に対(たい)しては、口(くち)を開(あ)けて体(からだ)を大(おお)きく見(み)せて、すごみをきかせることもある。　その時々(ときどき)の一瞬(いっしゅん)に生死(せいし)をかけている気迫(きはく)が伝(つた)わってきて、感動的(かんどうてき)でさえある。

ミノカサゴ 「触ると毒針で刺すぞ」と威嚇のポーズ。(伊豆)

ネッタイミノカサゴ　しつこく近寄ると、体を逆にして毒針を立てる。（沖縄）

ハリセンボン　水を飲んで体をふくらませて威嚇。(沖縄)

↓コクテンフグ　ふくらんだ体でタヌキのようになり威嚇。(沖縄)

ヘコアユ　タテに泳いで敵を惑わす。（沖縄）

↑ボロカサゴ　ヒレを広げて体を大きく見せる。（伊豆）　　　　　　　　↓ウツボ　口を大きく開けて侵入者を威嚇する。（伊豆）

ニセの目玉

捕食者は獲物の目がどこにあるのかを見極め、どちらに逃げようとするのかを判断して行動する。ところがチョウチョウウオの仲間は目の部分に黒線が入っていたり、尾の付け根あたりに黒点などのニセの目があったりするので、戸惑ってしまう。

昆虫ほどきわめつけの目玉模様は少ないが、海の生き物にも眼状紋はしっかり存在する。

↑メガネカラッパ　本当の目よりニセの目の方が大きくて目立つ。(伊豆)

←セグロチョウチョウウオ
体の後上部の大きな目玉模様が特徴。(沖縄)

↑チョウハン　尻尾の付け根にニセの目。(沖縄)

↑トノサマダイ　体の後上部にニセの目。(沖縄)

↑ハチ　危険がせまると大きく広がるヒレとニセの目を現す。（伊豆）

↑マトウダイ　体のどまん中に的印のような目玉模様。（伊豆）

↑シマウシノシタ　尻尾に目があるように惑わす。(伊豆)

↑シマウシノシタのびっくり模様。(伊豆)

↑コブシメ　体をデコボコにして擬装のポーズ。（沖縄）

↑アオリイカ　体を大きく広げて威嚇。（伊豆）

目を隠す

目の部分に黒線が入ると顔の輪郭が不明瞭になり、姿かたちがわかりにくくなる。見事な保身の知恵の一つだ。

↑タテジマキンチャクダイ（沖縄）

↑フエヤッコダイ（伊豆）

↑ヤリカタギ（伊豆）

↑インディアン・バナーフィッシュ（モルディブ）

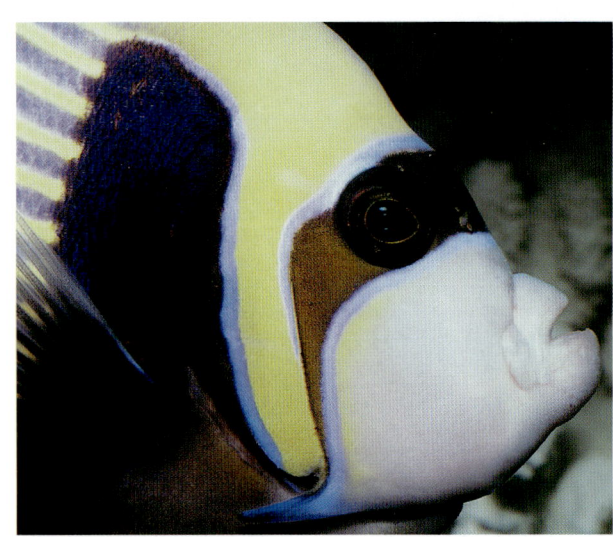

↑オニハタタテダイ（沖縄）　　　　　　　　　　　　　　　　　　　　　　　　　　　　↓ツノダシ（沖縄）

姿を似せて敵を欺く

捕食者は毒のある魚を食べたりして、「まずい」と思うと、次から二度と同じものを食べようと思わない。そこで、まずい魚にそっくりな姿になっていると難を逃れられる。

また、寄生虫を食べてくれる魚の姿を真似ることによって身を守り、なおかつ食べ物の利益を得るさぎ師のような魚も存在する。

↑背びれと胸びれに毒針を持つゴンズイ。(伊豆)

↑幼魚期は危険が多いので毒魚のゴンズイに似せているコロダイ。(伊豆)

↑コロダイの体をクリーニングしているホンソメワケベラ。（伊豆）

↑ニセクロスジギンポ　ホンソメワケベラに姿も泳ぎ方も似せて、ウロコまでかじり取る。（沖縄）

↑毒魚のシマキンチャクフグ。（沖縄）

↑ノコギリハギ　毒魚のシマキンチャクフグに似せている。（沖縄）

群れて身を守る

　群れることによって全体として巨大な生物に見えるので、敵に威圧感を与える。
　捕食者は一般に自分より大きいものに襲いかかろうとはしない。たとえそれが小魚の群れであることを捕食者が見抜いて強引に突っ込んできたとしても、「二兎を追うものは一兎をも得ず」の格言通り、上下左右にさっとかわされてしまう。一匹一匹は弱い小魚の集団防衛の知恵の深さに感心する。

クダヤガラ　矢が的に向かうように群泳。（若狭湾）

↑ミノカサゴの攻撃をかわして逃げるゴンズイの群れ。（伊豆）

↑瞬時に群れの形を変えるカマス。（沖縄）

潮流の流れに応じてうずまくように群泳するギンガメアジ。(モルディブ)

ヨスジフエダイ　岩陰で集団になって身を守る。(沖縄)

煙幕効果で逃げる

海の忍者といわれるタコはイセエビが好物。しかしウツボが天敵である。敵の攻撃をうけた時、最後の手段として、ろう斗という所からジェット噴射のようにいきおいよく水を噴きだして逃げる。そのとき、スミを煙幕にして霧隠れの術を使うことがある。

スミをはいて逃げるタコ。（若狭湾）

危険がせまると魚類がきらう紫色の液を出すアメフラシ。(伊豆)

ふしぎな生物

海に中にはその姿が普通では理解できない形態に進化した生き物が存在する。
そんな代表がウミウシ類だ。そのあでやかで、不思議な姿は、それだけで捕食者から身を守るのに充分だ。

↑ホソジマオトメウミウシ　背面の白い縦線と黒点が散在する。（伊豆）

↑マルガザミ　模様を似せてジャノメナマコに寄生する。（沖縄）

↑白い突起で全身をおおうムカデのようなスミゾメミノウミウシ。(伊豆)

↑マダラウミウシにそっくりな模様で一緒に暮らすウミウシカクレエビ。(串本)

↑半透明な体に黄色線があざやかなキスジカンテンウミウシ。(伊豆)

↑牛の角のような黄色い触角が特徴のミカドウミウシ。(沖縄)

↑青白色の眼紋が美しいミヤコウミウシ。(伊豆)

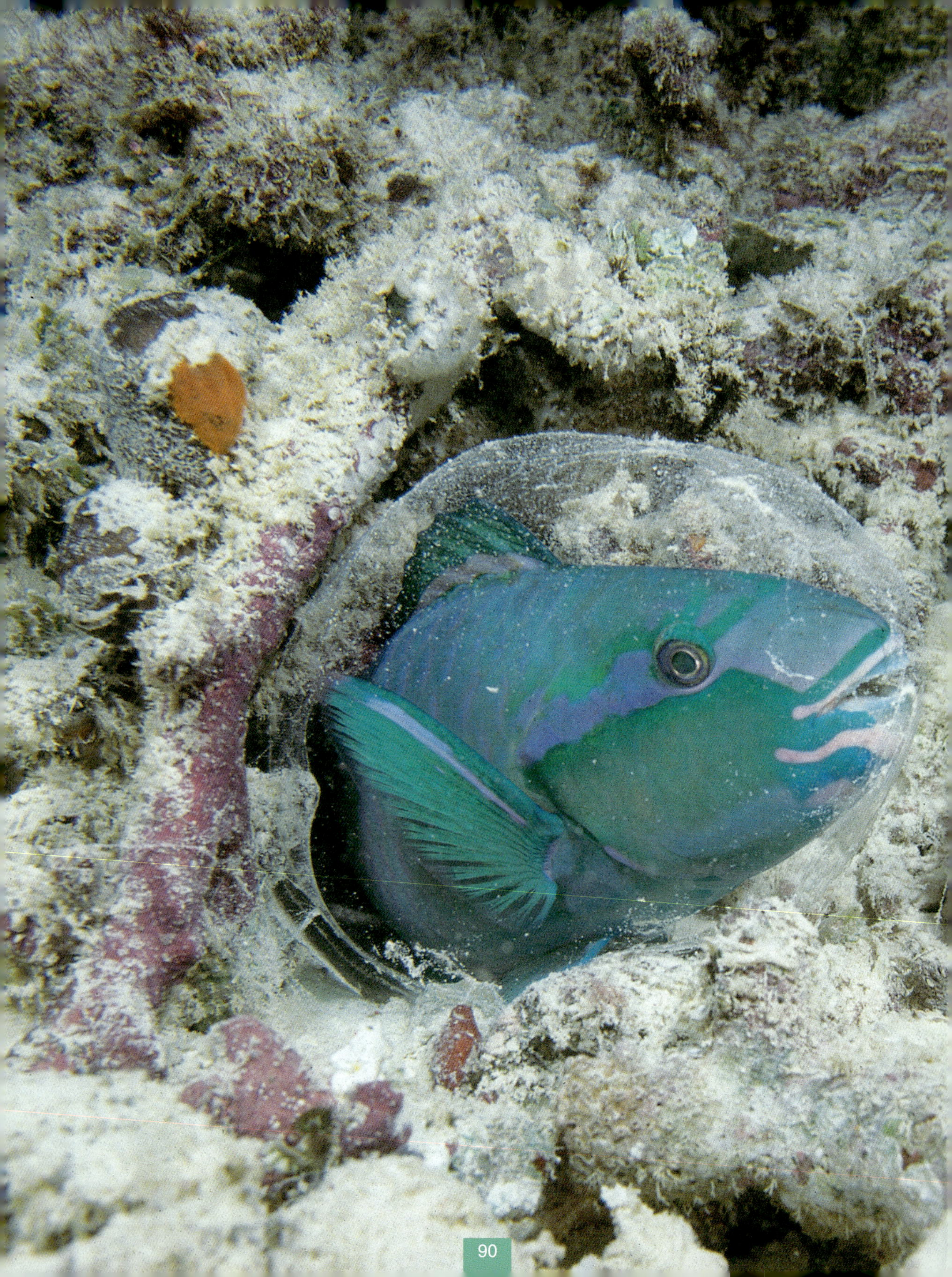

イカやタコの外敵から身を守るためねん膜でからだをすっぽり包んで休むハゲブダイ。（沖縄）

海の擬態生物
解説：海野和男

　25年ぐらい前のことだ。海洋写真家の伊藤勝敏さんがぼくの事務所を訪ねてきた。その時にたくさんの擬態の写真を持ってこられた。ぼくのライフワークは昆虫の擬態である。初めて見る海中の生物たちの擬態は、誠に見事なものであった。その写真を見ているだけで海の中に行きたくなった。それまでは海中にはあまり興味がなかったのだが、海の中ってすごいところだなと思った。海の中で擬態生物を探すという夢はまだ叶っていないけれど、いつか海中の生きものたちの擬態の本を作ってみたいと思い続けてきた。

　擬態には、自らが信号を発する、つまり自らの存在を誇示する「目立つ擬態」と、気配を消す「隠れる擬態」がある。目立つことと隠れることは相反することだが、何かをまねることで、何らかの生存に対するベネフィットを得るととという点では共通している。擬態は捕食者との競争の中で生まれてきたものと考えられる。背景に体をとけ込ませるような色や模様は隠蔽色とか保護色と呼ばれることもある。それに対し、形態まで海藻や石などに似て、姿を隠す擬態を隠蔽的擬態と呼ぶことがある。カムフラージュとかカモフラージュという呼び方もあり、隠蔽色や隠蔽的擬態を含んだ呼び方だ。海中の擬態では目立つ擬態は少なく、カムフラージュの上手な隠れる擬態が主流である。

　陸上に住む昆虫たちは様々な環境の中に身を隠す。中には姿形まで植物に似てしまうものもいる。毒がないのに毒のある昆虫に似る擬態もある。これは海中でも同じことである。海底には砂地や岩礁が多い。だから砂に紛れてしまう模様や、岩に紛れてしまう模様を持つ魚がたくさんいる。

　海の中に木は生えていないけれど、サンゴやウミシダといった動物がまるで植物のように海中に生えている。イソギンチャクのように柔らかな体を持つ生き物は陸上の花みたいだ。そしてそこには様々な小さな生きものたちが取りついているのである。写真を眺めていると、陸上の世界も喰いつ喰われつの世界だが、海中にはそれ以上の弱肉強食の世界があるように思う。そうでなければこれほどの見事なカムフラージュや擬態が発達することはないだろう。

　大型の魚にはあまりカムフラージュの上手なものはいない。それは生態系の上位に立つものは隠れたりだましたりする必要がないからだ。それでもかなり生態系の上位にあると思われるヒラメやアンコウなどは砂地に同化してしまう。これは敵から隠れるという理由以外に、餌となる魚などを補食するための擬態でもあるのだろう。

いわばだまし討ちである。

　写真をたくさん見ていると、面白いことに気がついた。昆虫と同じ節足動物のエビやカニの仲間にかくれんぼの名手が多数存在することだ。節足動物は海の中でも陸上同様に生態系の下位に属しているので、カムフラージュを発達させる必要性が大きいのだろう。

　擬態を考える場合、捕食者の存在を抜きにしては語ることができない。エビやカニの敵は主に魚だろう。魚は大変良い眼を持っていると言われている。片方の眼の視野角度は180度近いとも言われる。魚の世界はいわば魚眼レンズでのぞいた世界である。魚類は色彩感覚も人によく似ていると言われている。海の中は陸上に比べ暗いから深海に住む魚は桿体細胞が発達し、微量な光でも物が見えるとも言われている。能力の高い眼を持った捕食者が無数に存在する海中は、小さな生き物にとって、陸上以上に生き延びるのは大変なことだと思う。このことがエビやカニにカムフラージュ能力を身につけさせた大きな原因に違いない。

　海中の生物は色鮮やかなものが多い。しかし実際の海中では赤や黄色もそれほどは鮮やかに見えないはずである。海中は陸上よりも暗いので、多くの写真がストロボを使って撮影している。ストロボを使えばその生物が持っている本来の色を出すことができる。けれどストロボを使えば背景と明確に分離できるのに、自然光で見れば見事なカムフラージュをしている生物もまた多い。この写真集には自然光で写された写真も選ぶことにした。

サンゴに隠れる

　陸上は木本や草本の植物で覆われている。昆虫は植物に姿形を似せ、身を隠すものが多い。一方海中では、サンゴやムチカラマツ、イソギンチャクなどの刺胞動物、ウミシダなどの棘皮動物に隠れる擬態の名手が多い。

　サンゴ礁の中に紛れる色彩を持つイカの仲間のコブシメやエンマゴチという魚の写真を見ていると、大型の生物は体の色や模様を周囲の環境に合わせることで上手なカムフラージュの技を身につけていることがわかる。オオモンカエルアンコウのように体にまるでポリプの開いたサンゴのような突起を身につけているものもいるから驚いてしまう。昆虫のカムフラージュでも周囲の環境にとけ込む色や模様は、隠れるための常道だが、色を周囲に合わせてその場で変える能力を持つ昆虫はいない。ところが海中ではカムフラ

ージュの上手な生物は体色を周囲の環境に合わせて変えてしまうものもいることに驚かされる。

ムチカラマツやイソギンチャクに隠れる

　ムチカラマツはツノサンゴの仲間で、細い枝状の生物だ。ムチカラマツには多くのエビやカニの仲間が住み着いている。ビシャモンエビの体の突起は色も形もムチカラマツの触手とそっくりであることに驚かされる。ムチカラマツとそこに住む多くの小さな生物との関係は「寄生」と呼ばれることが多い。ムチカラマツに姿を隠れる生物にとっては身を隠す効果は抜群だが、ムチカラマツにとっては何の利益もなさそうだ。

　毒のある触手を持つイソギンチャクに住むエビも数多く知られている。これらのエビ類は透明な体を持つものが多く、隠れるイソギンチャクの色に似た色の斑紋を持つことで、容易に背景に身を隠すことができる。イソギンチャクは毒があるから、イソギンチャクに住むことができる何らかの方法を身につければ、その生物にとっては身を守るための大きな利益がある。またエビなどの小さな節足動物にとっては、イソギンチャクの食べ残しが餌にもなるだろう。

　2種の生物が一緒に暮らす関係には、「相利共生」と呼ばれる双方が利益を得るという、持ちつ持たれつの関係のものから、片方の生物だけが利益を得て、もう一方の生物は利益も害も受けない「片利共生」、さらに一方の生物が利益を得て、もう一方の生物が不利益を受ける「寄生」がある。これらの関係は実は明確に分離できるものではないようだ。海中のエビとイソギンチャクやサンゴとの関係をもっと観察することで共生や寄生の概念が明らかになってくるのではないだろうか。

砂に隠れる

　海底の砂地には、砂地に紛れ込む色や模様の魚が多く見られる。ヒラメやカレイは平たい体をしていて、砂地にぴたりと体をつけることで容易に姿を隠すことができる。一般的に魚は背中側の方が色が濃く、腹側の色が薄い。これは光が上から来るので、濃い背面の方が明るく見え、腹側は暗く見えることで立体感を消す役割をしている。ヒラメやカレイの場合は腹が白いが、これは立体感を消すためではなく、砂地にぴたりと体をつけて生活するので、腹面の色は目立ってもかまわないためであろう。砂地に生息する魚は体を砂地につけるだけでなく砂の中に半分身を埋めることでさらに上手に隠れるものもいる。

　ヒラメやカレイの場合は姿を消すことで外敵から身を守るほかに、餌に気づかれずに待ち伏せることもできる。オキエソはヒラメほどには砂地に同化できない。そこで砂に潜ることで姿を消すのだが、これは外敵から身を守るとためというよりも、隠れて待ち伏せをして餌を捕るために隠れるのである。

　砂地に同化する平たい体のアンコウは、頭に人間が釣りで使う疑似餌のような突起がある。砂地に体をつけて隠れ、頭の突起をゆらゆらとさせることで、餌だと思って近づいてくる魚を大きな口で捕らえるのだ。

岩礁に隠れる

　海中には岩礁地帯も多い。岩があれば、そこには当然のごとく岩に姿を隠す色や模様の生物が数多く潜んでいる。岩礁に隠れる生物の多くは迷彩模様を身につけている。背景の岩の色は様々ある。そこに藻類や貝類、刺胞動物など様々な生物が付着し、複雑な色や模様を作っている。こうした場所に隠れるには、色が似ていて、そこに複雑な不明確な模様をつけるだけでよい。実際に形が岩に似ていなくても、不明確な迷彩模様があるだけで、容易に姿を隠せるのである。オニダルマオコゼやカサゴのように。模様だけでなく、体型まで丸っこく、石そのものにしか見えない魚もいる。

見にまとって隠れる

　海中の生物には小石や貝殻、カイメンや海藻など周囲にあるものを体につけて姿を隠すものもいる。その多くはカニの仲間だ。カニは前足がハサミ状になっていて、ものをつかむことができるから、中には自分で背中にそうした偽装物を乗せるものもいるに違いない。戦争映画では人間が戦場で葉のついた小枝を身につけて、敵に気づかれないようにしているが、その方法とまったく同じ方法を使う海中生物がいることに驚かされる。

形を変えて姿を隠す

　軟体動物は、その名の通り体が柔らかい生物だ。貝類のほかにイカやタコも軟体動物だ。貝類では外套膜を広げることで、姿をまったく変えてしまうものもいる。タコは体の形や色を変えることで、周囲の岩に紛れる名人だ。こうした能力を持つ昆虫はいないから、これまたその変身能力に驚かされるのである。

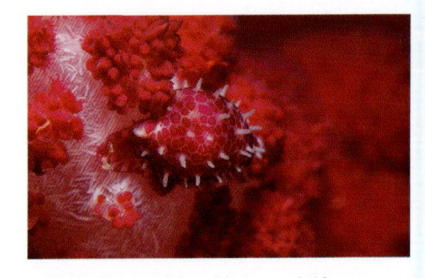

海藻に化ける

カミソリウオやタツノオトシゴなどのヨウジウオ科の魚は植物に擬態する数少ない魚類である。海藻の生える藻場は魚類にとって格好の隠れ家や産卵の場所となっているが、海藻そのものに姿を似せる海中生物はそれほどは多くないのはどうしてなのだろうかと思う。海中の生物は肉食のものが多く、大きくなるにつれて餌も大型のものに変わるから、一生藻場で過ごすことができないのかもしれない。

海中にはちぎれた海藻が浮遊していたりするが、カミソリウオが海中を漂い泳いでいると、その姿はまさに浮遊する海藻にしか見えないという。小型の魚を補食するのは大型の魚であることが多いから、魚と認識されなければ食べられる危険は少ないのであろう。

タツノオトシゴやヨウジウオは一生の間、主にアマモの茂る藻場に生息する変わった形の小型の魚だ。ヨウジウオはアマモの葉と体型までよく似ているし、タツノオトシゴもあまり動かないから藻類に紛れていれば身の危険は少ないのである。

威　嚇

ミノカサゴは大変美しい魚である。胸びれをいっぱいに伸ばして体を大きく見せ威嚇する。ミノカサゴの威嚇は伊達ではない。その美しいヒレの先に強い毒を持っているのだ。触ると刺すぞと言わんばかりに、胸びれを大きく広げる様は見事である。

ハリセンボンやコテングフグは水を飲み込んで体をふくらます。体を大きく見せることができるし、実際に丸く大きくなれば大型の魚に飲み込まれることはないだろう。

コテングフグがふくらむと、胸びれがまつげのように見えて、まるでタヌキの置物の顔のように見える。そうした動物は海中には生息しないわけだが、海中の一般的な魚と異なる姿に変身すれば、敵もひるむのではないだろうか。

目玉模様

海中の生物の目玉模様は、陸上の昆虫に見られる目玉模様ほどには発達していないように思える。それは陸上では小鳥という非常に目の良い敵がいて、その小鳥が恐れる猛禽やフクロウといった敵が存在するからだ。フクロウや猛禽は顔の面積に対して非常に大きな目を持っているのが特徴だ。だから小鳥は大きな目玉模様を生得的に恐れるのだと思う。海中でも小魚を補食する大型の魚は多いが、彼らの目が体に対して特に大きいということはない。それが大きな目玉模様を持つ生物が海中にそれほど多くない理由だろう。

チョウチョウウオなどには、本来の眼のある顔でないところに目玉模様のあるものが見られる。これは攻撃してくる敵をはぐらかす目玉模様である。おしりのほうに目玉模様があれば、敵は目玉模様のある場所が頭と錯覚するかもしれない。目玉のある方向に魚が逃げると予測して攻撃すれば、逆方向に逃げていくというわけだ。また、頭を攻撃されれば致命傷になるが、尻尾のほうだったら命は助かる可能性も少しはある。このようなはぐらかしの目玉模様は小形の魚に見られ、また幼魚の時代だけに目玉模様を持つ魚も知られている

他の魚に似る擬態

アブがハチに似ているなど、昆虫ではよく見られる擬態だ。海中にも同じような擬態は存在するが、昆虫の世界ほどには発達していない。毒を持っていないノコギリハギが毒を持つシマキンチャクフグに擬態する例などが知られている。

他の魚に似る擬態で、もっとも面白いと思うのはニセクロスジギンポがホンソメワケベラに似ている擬態だ。ホンソメワケベラはクリーナーフィッシュとして有名な小さな魚で、大型の魚の体についている寄生虫を食べる。さらには、口の中に入って、食べカスを食べたりもする。クリーニングしてもらっている魚は大変気持ちよさそうで、決してホンソメワケベラを食べたりしない。ところがニセクロスジギンポはホンソメワケベラのふりをして他の魚に近づき、その肉を食いちぎっていくのだからすさまじい。

群れで身を守る

魚は群れを作る物が多い。ゴンズイやイワシの仲間、カマスなど小型の魚の中には群れを作り、巨大な魚がいるかのように見せかけるものがいる。1匹では弱いが、群れになることで巨大な魚や有害な生き物に見えるようにしているのだ。さらにゴンズイは胸びれと背びれの棘に強い毒を持っているから、群れを作ることでより強力な防御態勢をしくことができるだろう。

ヨスジフエダイのように休む時に群れを作るものも多い。ギンガメアジなど潮流の流れに応じて渦を巻いたように群泳する魚もいる。大型の魚類は群れで身を守る他に、餌をとるときに小魚の群れを追い込む時にも利用されることがあるだろう。

※この解説では、「魚」の読みは、生物用語として一般的な「うお」としています。

あとがき

　この本に登場した力いっぱいに生きている生物たちは、黒潮の流域である沖縄から四国、紀伊半島、伊豆半島の沿岸で写したものがほとんどである。ここ10年ほどの間に撮りだめた写真で構成している。

　ひとつご理解いただきたいのは、ほとんどの写真をストロボ光を使って写している。海中では地上のように充分な光量がなく、また、海水がにごっていることが多い。自然光のままで写すと、メリハリのないぼやけた画像になってしまうからだ。なので彼らの本当の色模様は、本に印刷されている色彩より少しくすんでいるように考えてもらいたい。40ページにセムシカサゴを自然光とストロボ光で写し比べているので、本物の体色と周囲の光景を見比べて判断してほしい。

　太陽光は波長によって赤、橙、黄、緑、青、藍、紫の七色に分れる。水中では光の吸収が激しく、深くなるにつれて波長の長い赤系の色彩から橙色、黄色と順に吸収され、波長の短い青色が最後まで残る。つまり赤色の生物は、自然の海中では水に溶け込んで無色に近い状態で認識されているのだろう。

　それにしても、彼らの体内に潜む色素細胞が人工的な光を受けると、いかなるセンサーの働きによるのか、こんなにもさまざまな極彩色に変化する摩訶不思議さにただ驚くばかりである。さらに、彼らの姿になぜこのような色模様や形態が必要なのだろうかと考えてしまう。私自身がその問題についてまだまだ理解できていない。しかし、無理に答えを作ってしまうより、読者の皆さんに独自に判断してもらった方が面白さが増すように感じている。

　より強い子孫を後世に残すため、エサを食い、自身が食われないように最大限生きのびようと知恵をしぼっている彼らの姿から、私達人間はなにか学ぶことがあるように思うのである。

伊藤勝敏

著者／監修紹介

著者：伊藤勝敏（いとう かつとし）

　1937年、大阪生まれ。出版社で写真助手をしていた時代に、たまたま海藻を写すことになり、その時に潜った丹後半島の海の幻想的な海中風景に魅せられたのがきっかけとなり、海中写真に取り組む。現在、世界的に海洋生物が多様であることが知られる相模湾（東伊豆）に拠点を置き、その生物の生態を定点観察している。また、人間が捨てた廃物を利用して、したたかに生きる魚たちのルポルタージュにも取り組み、新聞・雑誌などを中心にした写真作家活動を行う。1988年　アニマ賞（平凡社）。99年　朝日海とのふれあい賞（朝日新聞社）2001年伊東市技能功労賞（伊東市）
　著書に「龍宮」（日本カメラ社）、「海の宇宙」（朝日新聞社）、「伊豆の海」（データハウス）、「魚たちの世界へ」（河出書房新社）、「海と親しもう」（岩波書店）など。日本写真家協会会員。
　伊藤勝敏のホームページ：http://www.e-cals.co.jp/marine-photo/

監修：海野和男（うんの かずお）

　1947年、東京生まれ。昆虫を中心とする自然写真家。アジアやアフリカの熱帯雨林地域で昆虫の擬態を長年撮影。1990年より長野県小諸市にアトリエを構え身近な自然を記録、毎日更新する「小諸日記」をはじめる。
　著書に「昆虫の擬態」は1994年日本写真家協会年度賞受賞。主な著作に「蝶の飛ぶ風景」（平凡社）、最近の著作に最新の昆虫たちの生態を紹介する「昆虫たちの擬態」（誠文堂新光社）。今回は伊藤勝敏氏と親友関係にあり監修を担当。日本自然科学写真協会副会長、日本昆虫協会理事、日本写真家協会などの会員。
　海野和男写真事務所のホームページ：http://eco.goo.ne.jp/nature/unno/

取材協力
- 海と自然の体験学習協会
- 阿嘉島臨海研究所
- マリンサービス・ナポレオン
- 南紀シーマンズクラブ
- ダイビングサービス・シーフレンズ
- ビヨンドザリーフ
- 中木マリンセンター
- ダイビングショップ・潜人
- サーウエス・ヨナグニ
- はまゆうマリンサービス
- ダイビングショップ・アイアン
- 八幡野ダイビングセンター

■編集制作・デザイン　有限会社　クリエイティブパック

NDC480

子供の科学★サイエンスブックス

海の擬態生物　海中生物の美しく不思議な変身術

2008年 5月 1日 発　行
2019年11月15日 第5刷

著　者	伊藤勝敏
監　修	海野和男
発行者	小川雄一
発行所	株式会社　誠文堂新光社

　〒113-0033　東京都文京区本郷3-3-11
　（編集）電話03-5805-7765
　（販売）電話03-5800-5780
　URL　https://www.seibundo-shinkosha.net/

印刷　製本　図書印刷株式会社

Ⓒ 2008 Katutoshi Itou/Kazuo Unno
Printed in japan

検印省略
本書記載の記事の無断転用を禁じます。
万一落丁乱本の場合はお取り替えいたします。

JCOPY　＜(一社)出版者著作権管理機構　委託出版物＞
本書を無断で複製複写（コピー）することは、著作権法上での例外を除き、禁じられています。
本書をコピーされる場合は、そのつど事前に、(一社)出版者著作権管理機構
（電話 03-5244-5088／FAX 03-5244-5089／e-mail:info@jcopy.or.jp）の許諾を得てください。

ISBN978-4-416-20800-7